Resumão EXATAS – QUÍMICA

CLASSIFICAÇÃO PERIÓDICA DOS ELEMENTOS

1 — NÚMERO ATÔMICO
H — SÍMBOLO
1,008 — MASSA ATÔMICA

	1	2	3	4	5	6	7	8	9	10	11	12	13	14	15	16	17	18
n=1	1 H 1,008																	2 He 4,003
n=2	3 Li 6,94	4 Be 9,01											5 B 10,81	6 C 12,01	7 N 14,01	8 O 16,00	9 F 19,00	10 Ne 20,18
n=3	11 Na 22,99	12 Mg 24,31											13 Al 26,98	14 Si 28,09	15 P 30,97	16 S 32,07	17 Cl 35,45	18 Ar 39,95
n=4	19 K 39,10	20 Ca 40,08	21 Sc 44,96	22 Ti 47,87	23 V 50,94	24 Cr 52,00	25 Mn 54,94	26 Fe 55,85	27 Co 58,93	28 Ni 58,69	29 Cu 63,55	30 Zn 65,41	31 Ga 69,72	32 Ge 72,64	33 As 74,92	34 Se 78,96	35 Br 79,90	36 Kr 83,80
n=5	37 Rb 85,47	38 Sr 87,62	39 Y 88,91	40 Zr 91,22	41 Nb 92,91	42 Mo 95,94	43 Tc 98*	44 Ru 101,1	45 Rh 102,9	46 Pd 106,4	47 Ag 107,9	48 Cd 112,4	49 In 114,8	50 Sn 118,7	51 Sb 121,8	52 Te 127,6	53 I 126,9	54 Xe 131,3
n=6	55 Cs 132,9	56 Ba 137,3	57 La* 138,9	72 Hf 178,5	73 Ta 180,9	74 W 183,8	75 Re 186,2	76 Os 190,2	77 Ir 192,2	78 Pt 195,1	79 Au 197,0	80 Hg 200,6	81 Tl 204,4	82 Pb 207,2	83 Bi 209,0	84 Po 209*	85 At 210*	86 Rn 222*
n=7	87 Fr 223*	88 Ra 226*	89 Ac# 227*	104 Rf 261*	105 Db 262*	106 Sg 266*	107 Bh 272*	108 Hs 277*	109 Mt 276*	110 Ds 281*	111 Rg 280*	112 Cn 285*	113 Uut 284*	114 Fl 289*	115 Uup 288*	116 Lv 292*	117 Não Desc.	118 Uuo 294*

Lantanídeos	58 Ce 140,1	59 Pr 140,9	60 Nd 144,2	61 Pm 145*	62 Sm 150,4	63 Eu 152,0	64 Gd 157,3	65 Tb 158,9	66 Dy 162,5	67 Ho 164,9	68 Er 167,3	69 Tm 168,9	70 Yb 173,0	71 Lu 175,0
Actinídeos	90 Th 232,0	91 Pa 231,0	92 U 238,0	93 Np 237*	94 Pu 244*	95 Am 243*	96 Cm 247*	97 Bk 247*	98 Cf 251*	99 Es 252*	100 Fm 257*	101 Md 258*	102 No 259*	103 Lr 262*

Subnível d
5 orbitais

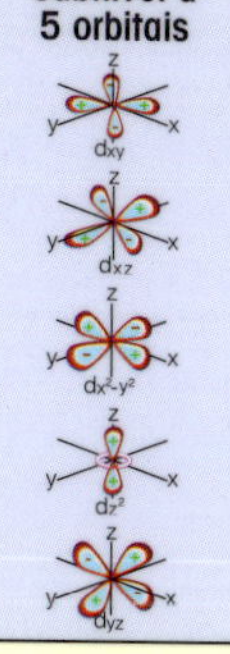

Subnível p
3 orbitais

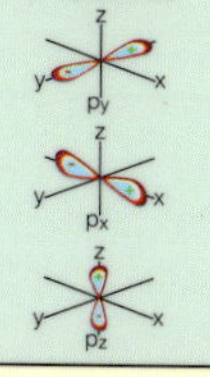

Subnível s
1 orbital

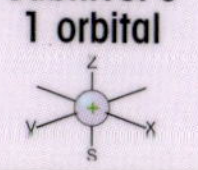

NÚMERO ATÔMICO	SÍMBOLO	MASSA ATÔMICA	NOME	CONFIG. ELETRÔNICA	
1	H	1,008	Hidrogênio	1s	n=1
2	He	4,003	Hélio	$1s^2$	
3	Li	6,94	Lítio	$1s^2 2s$	
4	Be	9,01	Berílio	$1s^2 2s^2$	
5	B	10,81	Boro	$1s^2 2s^2 2p$	
6	C	12,01	Carbono	$1s^2 2s^2 2p^2$	n=2
7	N	14,01	Nitrogênio	$1s^2 2s^2 2p^3$	
8	O	16,00	Oxigênio	$1s^2 2s^2 2p^4$	
9	F	19,00	Flúor	$1s^2 2s^2 2p^5$	
10	Ne	20,18	Neônio	$1s^2 2s^2 2p^6$	
11	Na	22,99	Sódio	[Ne]3s	
12	Mg	24,31	Magnésio	$[Ne]3s^2$	
13	Al	26,98	Alumínio	$[Ne]3s^2 3p$	
14	Si	28,09	Silício	$[Ne]3s^2 3p^2$	n=3
15	P	30,97	Fósforo	$[Ne]3s^2 3p^3$	
16	S	32,07	Enxofre	$[Ne]3s^2 3p^4$	
17	Cl	35,45	Cloro	$[Ne]3s^2 3p^5$	
18	Ar	39,95	Argônio	$[Ne]3s^2 3p^6$	
19	K	39,10	Potássio	[Ar]4s	
20	Ca	40,08	Cálcio	$[Ar]4s^2$	
21	Sc	44,96	Escândio	$[Ar]3d4s^2$	
22	Ti	47,87	Titânio	$[Ar]3d^2 4s^2$	
23	V	50,94	Vanádio	$[Ar]3d^3 4s^2$	
24	Cr	52,00	Cromo	$[Ar]3d^5 4s$	
25	Mn	54,94	Manganês	$[Ar]3d^5 4s^2$	
26	Fe	55,85	Ferro	$[Ar]3d^6 4s^2$	
27	Co	58,93	Cobalto	$[Ar]3d^7 4s^2$	n=4
28	Ni	58,69	Níquel	$[Ar]3d^8 4s^2$	
29	Cu	63,55	Cobre	$[Ar]3d^{10} 4s$	
30	Zn	65,41	Zinco	$[Ar]3d^{10} 4s^2$	
31	Ga	69,72	Gálio	$[Ar]3d^{10} 4s^2 4p$	
32	Ge	72,64	Germânio	$[Ar]3d^{10} 4s^2 4p^2$	
33	As	74,92	Arsênio	$[Ar]3d^{10} 4s^2 4p^3$	
34	Se	78,96	Selênio	$[Ar]3d^{10} 4s^2 4p^4$	
35	Br	79,90	Bromo	$[Ar]3d^{10} 4s^2 4p^5$	
36	Kr	83,80	Criptônio	$[Ar]3d^{10} 4s^2 4p^6$	
37	Rb	85,47	Rubídio	[Kr]5s	
38	Sr	87,62	Estrôncio	$[Kr]5s^2$	
39	Y	88,91	Ítrio	$[Kr]4d5s^2$	
40	Zr	91,22	Zircônio	$[Kr]4d^2 5s^2$	
41	Nb	92,91	Nióbio	$[Kr]4d^4 5s$	
42	Mo	95,94	Molibdênio	$[Kr]4d^5 5s$	
43	Tc	98*	Tecnécio	$[Kr]4d^5 5s^2$	
44	Ru	101,1	Rutênio	$[Kr]4d^7 5s$	
45	Rh	102,9	Ródio	$[Kr]4d^8 5s$	n=5
46	Pd	106,4	Paládio	$[Kr]4d^{10}$	
47	Ag	107,9	Prata	$[Kr]4d^{10} 5s$	
48	Cd	112,4	Cádmio	$[Kr]4d^{10} 5s^2$	
49	In	114,8	Índio	$[Kr]4d^{10} 5s^2 5p$	
50	Sn	118,7	Estanho	$[Kr]4d^{10} 5s^2 5p^2$	
51	Sb	121,8	Antimônio	$[Kr]4d^{10} 5s^2 5p^3$	
52	Te	127,6	Telúrio	$[Kr]4d^{10} 5s^2 5p^4$	
53	I	126,9	Iodo	$[Kr]4d^{10} 5s^2 5p^5$	
54	Xe	131,3	Xenônio	$[Kr]4d^{10} 5s^2 5p^6$	
55	Cs	132,9	Césio	[Xe]6s	
56	Ba	137,3	Bário	$[Xe]6s^2$	
57	La	138,9	Lantânio	$[Xe]5d6s^2$	
58	Ce	140,1	Cério	$[Xe]4f5d6s^2$	
59	Pr	140,9	Praseodímio	$[Xe]4f^3 6s^2$	
60	Nd	144,2	Neodímio	$[Xe]4f^4 6s^2$	
61	Pm	145*	Promécio	$[Xe]4f^5 6s^2$	
62	Sm	150,4	Samário	$[Xe]4f^6 6s^2$	
63	Eu	152,0	Európio	$[Xe]4f^7 6s^2$	
64	Gd	157,3	Gadolínio	$[Xe]4f^7 5d6s^2$	
65	Tb	158,9	Térbio	$[Xe]4f^9 6s^2$	
66	Dy	162,5	Disprósio	$[Xe]4f^{10} 6s^2$	n=6
67	Ho	164,9	Hólmio	$[Xe]4f^{11} 6s^2$	
68	Er	167,3	Érbio	$[Xe]4f^{12} 6s^2$	
69	Tm	168,9	Túlio	$[Xe]4f^{13} 6s^2$	
70	Yb	173,0	Itérbio	$[Xe]4f^{14} 6s^2$	
71	Lu	175,0	Lutécio	$[Xe]4f^{14} 5d6s^2$	
72	Hf	178,5	Háfnio	$[Xe]4f^{14} 5d^2 6s^2$	
73	Ta	180,9	Tântalo	$[Xe]4f^{14} 5d^3 6s^2$	
74	W	183,8	Tungstênio	$[Xe]4f^{14} 5d^4 6s^2$	
75	Re	186,2	Rênio	$[Xe]4f^{14} 5d^5 6s^2$	
76	Os	190,2	Ósmio	$[Xe]4f^{14} 5d^6 6s^2$	
77	Ir	192,2	Irídio	$[Xe]4f^{14} 5d^7 6s^2$	
78	Pt	195,1	Platina	$[Xe]4f^{14} 5d^9 6s$	
79	Au	197,0	Ouro	$[Xe]4f^{14} 5d^{10} 6s$	
80	Hg	200,6	Mercúrio	$[Xe]4f^{14} 5d^{10} 6s^2$	
81	Tl	204,4	Tálio	$[Xe]4f^{14} 5d^{10} 6s^2 6p$	
82	Pb	207,2	Chumbo	$[Xe]4f^{14} 5d^{10} 6s^2 6p^2$	
83	Bi	209,0	Bismuto	$[Xe]4f^{14} 5d^{10} 6s^2 6p^3$	
84	Po	209*	Polônio	$[Xe]4f^{14} 5d^{10} 6s^2 6p^4$	
85	At	210*	Astato	$[Xe]4f^{14} 5d^{10} 6s^2 6p^5$	
86	Rn	222*	Radônio	$[Xe]4f^{14} 5d^{10} 6s^2 6p^6$	
87	Fr	223*	Frâncio	[Rn]7s	
88	Ra	226*	Rádio	$[Rn]7s^2$	
89	Ac	227*	Actínio	$[Rn]6d7s^2$	
90	Th	232,0	Tório	$[Rn]6d^2 7s^2$	
91	Pa	231,0	Protactínio	$[Rn]5f^2(^3H_4)6d7s^2$	
92	U	238,0	Urânio	$[Rn]5f^3(^4I^0_{9/2})6d7s^2$	
93	Np	237*	Netúnio	$[Rn]5f^4(^5I_4)6d7s^2$	
94	Pu	244*	Plutônio	$[Rn]5f^6 7s^2$	n=7
95	Am	243*	Americío	$[Rn]5f^7 7s^2$	
96	Cm	247*	Cúrio	$[Rn]5f^7 6d7s^2$	
97	Bk	247*	Berquélio	$[Rn]5f^9 7s^2$	
98	Cf	251*	Califórnio	$[Rn]5f^{10} 7s^2$	
99	Es	252*	Einstêinio	$[Rn]5f^{11} 7s^2$	
100	Fm	257*	Férmio	$[Rn]5f^{12} 7s^2$	
101	Md	258*	Mendelévio	$[Rn]5f^{13} 7s^2$	
102	No	259*	Nobélio	$[Rn]5f^{14} 7s^2$	
103	Lr	262*	Laurêncio	$[Rn]5f^{14} 7s^2 7p?$	
104	Rf	261*	Rutherfórdio	$[Rn]5f^{14} 6d^2 7s^2?$	

Fonte: CRC Handbook of Chemistry and Physics, 92st edition, 2011-2012, CRC Press

ESTRUTURA ATÔMICA

Número atômico (Z): n.º de prótons no núcleo; para átomos neutros, Z = n.º de elétrons; para ânion de carga (-), Z < e; para cátion de carga (+), Z > e.
Número de massa (A): A = Z + n (número de nêutrons no núcleo).
Isótopos: elementos com o mesmo número atômico (Z), mas com números de massa (A) diferentes. Um elemento pode ter diversos isótopos. Qualquer amostra contém certa quantidade de isótopos. Na prática, utiliza-se a média ponderada das massas dos isótopos naturais de determinado elemento.

QUÍMICA NUCLEAR

As reações nucleares alteram o núcleo mediante a liberação ou absorção de partículas. Balanço de carga e massa-energia. Energia (E) transforma-se em massa (m) de acordo com a equação de Einstein: $\mathbf{E = mc^2}$.
Símbolos dos nuclídeos: para o elemento X, o núcleo é simbolizado por $^{A}{}_{Z}X$ ou X-A (por exemplo, deutério, $^{2}{}_{1}H$ ou H-2).

Tipos de processo
Transmutação: criação de novos elementos a partir da colisão de partículas.
Fusão (combinação de pequenos átomos):
H-1 + H-2 → He-3
Fissão (divisão de grandes átomos):
n + U-235 → Ba-145 + Kr-91 + 3 n
Decaimentos radiativos
Decaimento α (núcleo He): U-238 → α + Th-234
Decaimento β (elétron nuclear): I-131 → Xe-131 + β
Decaimento γ (energia): acompanhado de α, β.
Caracterização de meia-vida: tempo de decomposição de metade dos núcleos.

Eletronegatividade x Z

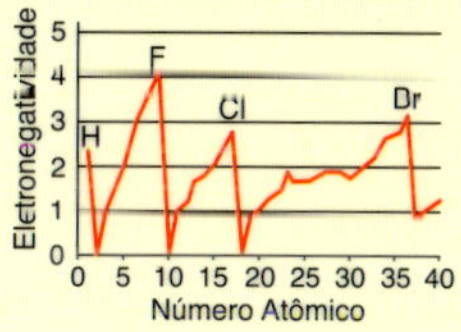

Potencial de Primeira Ionização x Z

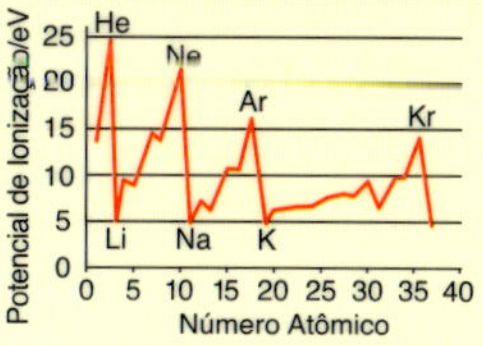

Raio Atômico x Z

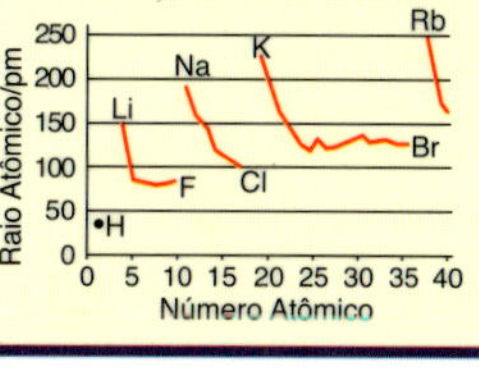

ORBITAIS E NÚMEROS QUÂNTICOS

n: principal
l: secundário ou azimutal (forma do orbital)
m: magnético (direção do orbital)
s: spin do elétron

Cada valor de **n** indica um nível na estrutura. Os valores possíveis de **l** são 0,1...n-1; para cada **l**, os valores possíveis de **m** são **-l**, .0..+**l**; **s** tem dois valores possíveis: $+\frac{1}{2}$ e $-\frac{1}{2}$ (spin positivo, spin negativo). Cada valor de **n** indica um subnível na estrutura atômica; cada **l** indica um subnível.

orbital s: **l** = tipo 0
orbital p: **l** = tipos 0 e 1
orbital d: **l** = tipos 0, 1 e 2
orbital f: **l** = tipos 0, 1, 2 e 3

ÁTOMOS MULTIELETRÔNICOS

Os números quânticos e de orbitais do átomo de hidrogênio são usados para descrever todos os átomos e íons multieletrônicos. Um tratamento mais rigoroso determina os níveis exatos de energia e as propriedades orbitais. O resultado principal é que os subníveis têm energias distintas. O preenchimento dos níveis segue o **Princípio de Aufbau**:

Ordem de Aufbau para preenchimento dos subníveis

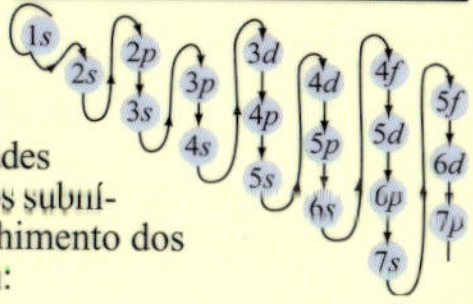

n	l	m_l	m_s	elemento	
1	0	0	$+\frac{1}{2}$	H	orbital 1s
1	0	0	$-\frac{1}{2}$	He	esférico
2	0	0	$+\frac{1}{2}$	Li	orbital 2s
2	0	0	$-\frac{1}{2}$	Be	esférico
2	1	-1	$+\frac{1}{2}$	B	orbitais 2p
2	1	0	$+\frac{1}{2}$	C	
2	1	+1	$+\frac{1}{2}$	N	formato de hélice
2	1	-1	$-\frac{1}{2}$	O	p_x p_y p_z
2	1	0	$-\frac{1}{2}$	F	
2	1	+1	$-\frac{1}{2}$	Ne	

Configuração eletrônica: ocupação do orbital atômico.
Princípio de exclusão de Pauli: cada elétron tem um conjunto único de números quânticos. Um orbital pode reunir até dois elétrons, um com spin positivo, $m_s = +\frac{1}{2}$, e um com spin negativo, $m_s = -\frac{1}{2}$.
Regra de Hund: ao preenchermos um subnível, devemos colocar primeiro um elétron em cada orbital. É o princípio da máxima multiplicidade.
Potencial de ionização (PI): energia necessária para remover o elétron do átomo ou íon. **Primeiro PI:** remoção do primeiro elétron de valência.
Eletronegatividade: tendência de um átomo para atrair elétrons em uma ligação química; escala de 0 a 4, em que 0 é gás raro.

TIPOS DE MATÉRIA

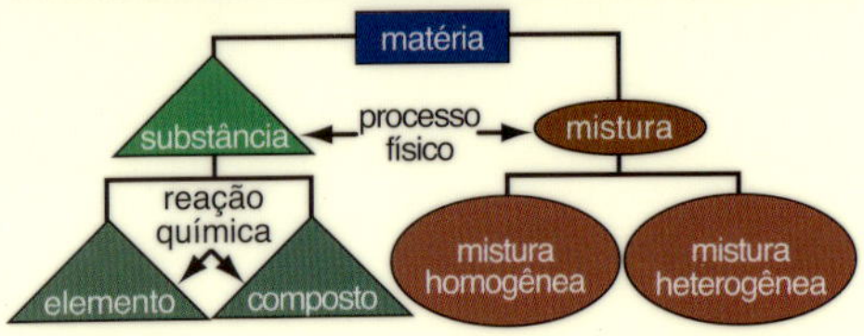

REAÇÕES

Formação: elementos para composto; $C + 2 H_2 \rightarrow CH_4$
Combinação (síntese): duas substâncias formam uma nova substância; $2 Na + Cl_2 \rightarrow 2 NaCl$
Oxidação-redução: mudança no estado de oxidação (*veja próxima página*)
Neutralização ácido-base: forma água e um sal (*veja última página*)
Decomposição: uma substância gera duas ou mais substâncias; $2 HgO \rightarrow 2 Hg + O_2$
Deslocamento: um elemento desloca outro elemento de um composto; $Zn + 2 HCl \rightarrow H_2 + ZnCl_2$
Dupla troca ou permutação: troca de ânions
$NaCl (aq) + AgNO_3(aq) \rightarrow AgCl(ppt) + NaNO_3(aq)$
Combustão: reação exotérmica com o oxigênio
$C + O_2 \rightarrow CO_2$

PROCESSOS FÍSICOS

fusão ($s \rightarrow l$); **solidificação** ($l \rightarrow s$)
(a 1 atm: ponto normal de fusão "T_f")
ebulição ($l \rightarrow g$); **condensação** ($g \rightarrow l$)
(a 1 atm: ponto normal de ebulição "T_e")
sublimação ($s \rightarrow g$); **ressublimação** ($g \rightarrow s$)

Formação de solução: mistura homogênea de gases, líquidos ou sólidos.
Destilação: separação de uma mistura por meio de ebulição seletiva.
Ponto triplo: s, l, g em equilíbrio "T_t".
Pressão de vapor: pressão parcial do gás em equilíbrio com o líquido (depende da temperatura); igual a 1 atm em "T_e".

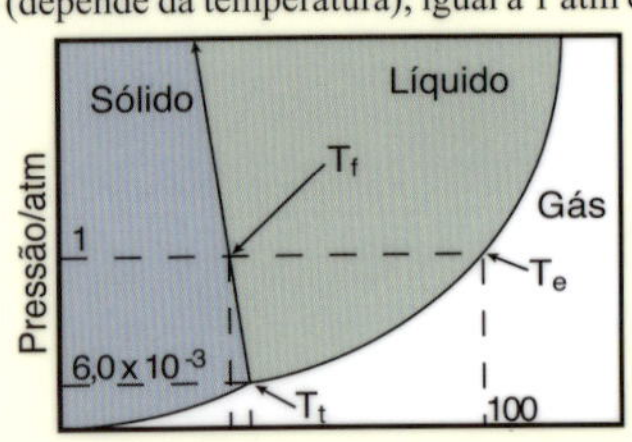

PARA BALANCEAR EQUAÇÃO

Encontre o número total de coeficientes que resulte na mesma quantidade de átomos de cada elemento em cada lado da equação.

- Identifique cada elemento envolvido na reação.
- Você pode mudar apenas os coeficientes, mas não as fórmulas.
- Aplique os coeficientes para cada átomo em um íon poliatômico.
- Determine a carga líquida de cada lado da equação: devem estar balanceadas no final.
- Comece com metais, não metais, oxigênio e hidrogênio. Em seguida, focalize compostos mais complexos.
- Se o elemento aparecer na forma pura, deixe-o para o final.
- Pode ser útil usar frações e depois de todos os elementos balanceados converter os coeficientes para números inteiros.
- Finalmente, certifique-se de que os coeficientes são os menores números inteiros.

Lembre-se: Confira sempre seu trabalho. Certifique-se de que o mesmo número de átomos de cada elemento e a mesma carga total estão dos dois lados da equação.

NOMENCLATURA

Nomes químicos
Comece com o nome do "ânion", seguido do nome do "cátion". Use prefixos para solucionar qualquer ambiguidade. Nomes de ânion e cátion derivam dos nomes dos elementos. Orgânico: sistema de nomes separado.

Fórmulas químicas

- Símbolo do cátion seguido pelo do ânion.
- Subscritos indicam composição relativa.
- Íons poliatômicos anexos ou moléculas entre parênteses.
- **Fórmula molecular:** molécula discreta.
- **Fórmula empírica:** relação molar relativa de elementos para sólidos ou moléculas.

Cátions monoatômicos
Metal alcalino (1+); alcalino terroso (2+)
Metal de transição: muda a valência; informe a valência no nome e na fórmula; terminação em "oso" ou "ico". Os algarismos romanos são menos confusos e mais gerais.

férrico, Fe(III)	*ferroso, Fe(II)*
estânico, Sn(IV)	*estanoso, Sn(II)*
plúmbico, Pb(IV)	*plumboso, Pb(II)*
cúprico, Cu(II)	*cuproso, Cu(I)*
mercúrico, Hg(II)	*mercuroso, Hg(I)*

(1+) **Cátions poliatômicos**
amônio, $NH_4{}^+$
hidrônio, H_3O^+; forma ativa do ácido na água

Ânions monoatômicos
(4-) carbetos, C^{4-}, siliceto, Si^{4-}
(3-) nitreto, N^{3-}, fosfeto, P^{3-}, arseneto, As^{3-}
(2-) óxido, O^{2-}, sulfeto, S^{2-}, seleneto, Se^{2-}, telureto, Te^{2-}
(1-) hidreto, H^- **haletos:** fluoreto F^-, cloreto Cl^-, brometo, Br^-, iodeto, I^- **ácidos:** fluorídrico, clorídrico, bromídrico, iodídrico

Ânions poliatômicos (e respectivos ácidos)

(1-)

acetato, CH_3OO^-	*ácido acético, CH_3COOH*
nitrato, NO_3^-	*ácido nítrico, HNO_3*
nitrito, NO_2^-	*ácido nitroso, HNO_2*
hipoclorito, ClO^-	*ácido hipocloroso, $HClO$*
clorito, ClO_2^-	*ácido cloroso, $HClO_2$*
clorato, ClO_3^-	*ácido clórico, $HClO_3$*
perclorato, ClO_4^-	*ácido perclórico, $HClO_4$*
cianeto, CN^-	*ácido cianídrico, HCN*
hidróxido, OH^-	*formado por bases na água*

bicarbonato ou hidrogenocarbonato, HCO_3^-
bissulfato ou hidrogenossulfato, HSO_4^-
dihidrogenofosfato, $H_2PO_4^-$
permanganato, MnO_4^-

(2-)

carbonato, CO_3^{2-}	*ácido carbônico, H_2CO_3*
sulfato, SO_4^{2-}	*ácido sulfúrico, H_2SO_4*
sulfito, SO_3^{2-}	*ácido sulfuroso, H_2SO_3*
cromato, CrO_4^{2-}	*ácido crômico, H_2CrO_4*

peróxido, O_2^{2-}
bifosfato ou hidrogenofosfato, HPO_4^{2-}, dicromato, $Cr_2O_7{}^{2-}$
tiossulfato, $S_2O_3^{2-}$ (tio: subst. de átomo O por S), dissulfeto, S_2^{2-}

(3-)

fosfato, PO_4^{3-}	*ácido fosfórico, H_3PO_4*

(4-)

silicato, $SiO_4{}^{4-}$	*ácido silícico, H_4SiO_4*

EQUAÇÃO DE REAÇÃO

A equação de reação é uma equação molecular. As massas de moléculas individuais são pequenas demais para uso. O **mol** (número de Avogadro) oferece uma quantidade mais usável.

A **massa molar** de um material é a massa (em gramas) de 1 mol da matéria (isso se chama **massa molecular**). É determinada pela soma das massas atômicas dos elementos presentes no material, ponderadas pelos coeficientes da fórmula (por exemplo, 1 mol de carbono-12 equivale a 12,0 gramas).

A **equação molecular** balanceada também pode ser entendida como uma equação molecular com os coeficientes interpretados na forma de **quantidades moleculares** ou **molares**.

Rendimento teórico: determina a massa de produtos a partir da massa de reagentes, massas molares e equação balanceada.
Reagentes limitantes: para dois ou mais reagentes, aquele que se consumir primeiro limitará a quantidade do produto.
Cálculo de solução: o número de mol é determinado pelo produto do volume de uma solução (em litros) e a concentração em mol por litro do reagente.

MEDIDAS E UNIDADES

massa: quilograma (kg) = 1 000 g
comprimento: metro (m) = 100 cm
tempo: segundos (s); **temperatura:** kelvin (K)

$T (K) = T (^oC) + 273,15$ $T (^oF) = (9/5).T (^oC) + 32$

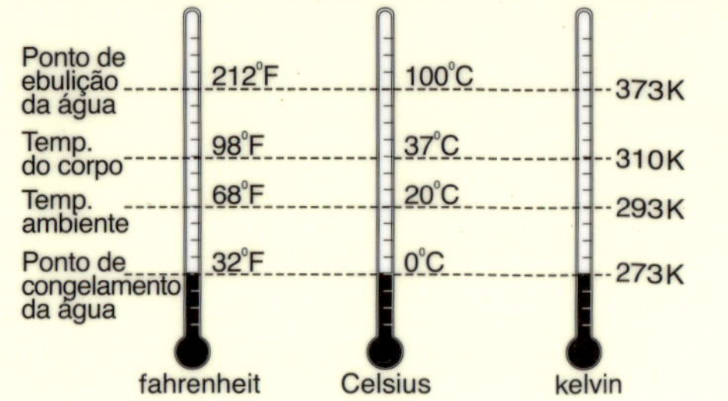

volume: litro (L) = 1.000 mL
pressão: pascal, Pa (N/m^2); 1 atm = 101,325 Pa
força: newton, N = $kg.m/s^2$; **carga:** coulomb, C
energia: joule, J ($kg\ m^2/s^2$) = 0,23901 caloria

Prefixos:

tera T (10^{12})	**giga** G (10^9)	**mega** M (10^6)
quilo k (10^3)	**centi** c (10^{-2})	**mili** m (10^{-3})
micro μ (10^{-6})	**nano** n (10^{-9})	**pico** p (10^{-12})

CONSTANTES FUNDAMENTAIS

R = 8,314 J mol^{-1} K^{-1} (cálculo de energia)
R = 0,082 l atm mol^{-1} K^{-1} (cálculo de propriedade de gás)
Número de Avogadro: N = 6,022 x 10^{23} mol^{-1}
Constante de Boltzmann: $k = R/N_a$ = 1,381 x 10^{-23} J $molécula^{-1}$ K^{-1}
Carga elementar do elétron, e: 1,602 x 10^{-19} C
Constante de Faraday, $\mathcal{F}$: número de coulombs de carga em um mol de elétrons = 96.500 C mol^{-1}
Força: newton, N = Jm^{-1} = kg m s^{-2}
Massa de um próton, m_p = 1,673 x 10^{-27} kg
Massa de um nêutron, m_n = 1,675 x 10^{-27} kg
Massa de um elétron, m_e = 9,110 x 10^{-31} kg
Constante de Planck, h = 6,626 x 10^{-34} J s
Velocidade da luz no vácuo, c = 2,9979 x 10^8 m s^{-1}

INTERAÇÕES QUÍMICAS

A. **Propriedades eletrônicas**
Momento de dipolo (μ): posição da densidade eletrônica da molécula relativa ao centro de massa; induz carga parcial na molécula: **μ= 0** para as moléculas simétricas (**H_2**) e **μ≠ 0** para as assimétricas. $^{\delta+}H - Cl^{\delta-}$
Polarizabilidade: tendência da nuvem eletrônica em se distorcer por força eletrostática externa; cresce com o tamanho do átomo.

B. **Ligações intermoleculares (entre moléculas)**
Força de London (dispersão): atração de momentos de dipolo induzidos; mais forte em espécies mais polarizáveis; contribui para a liquefação de gases como argônio e metano.
Dipolo-dipolo: moléculas com momentos de dipolo que exercem forças de atração em algumas orientações relativas; baseia-se em forças eletrostáticas:

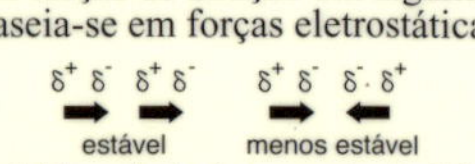

Ligação de hidrogênio (ou ponte de hidrogênio): interação dipolar entre o hidrogênio de um grupo –OH ou –NH ou HF e um átomo de oxigênio, nitrogênio ou flúor.
Eletrostática: forte ligação entre íons; pode ser atrativa (polos opostos) ou repulsiva (polos iguais); é inversamente proporcional à distância e à constante dielétrica do meio. A água tem grande constante dielétrica e estabiliza a formação de íons na solução.

C. **Ligações químicas (entre átomos em moléculas)**
Elétrons de valência: elétrons externos que formam ligações químicas. Os outros elétrons internos não participam. Existem três tipos ideais de ligação:

1. **ligação covalente:** os elétrons são compartilhados; a polaridade da ligação denota um compartilhamento desigual determinado pela eletronegatividade dos átomos; covalência pura: compartilhamento igual;
2. **ligação iônica:** interação eletrostática entre íons; criada pela transferência de elétrons entre átomos para criar íons com camadas de valência cheias;
3. **ligação metálica:** elétrons dispersos; compartilhados por um grande número de núcleos metálicos.

Ligação real: parcialmente covalente/parcialmente iônica; a diferença de eletronegatividade determina o caráter iônico.

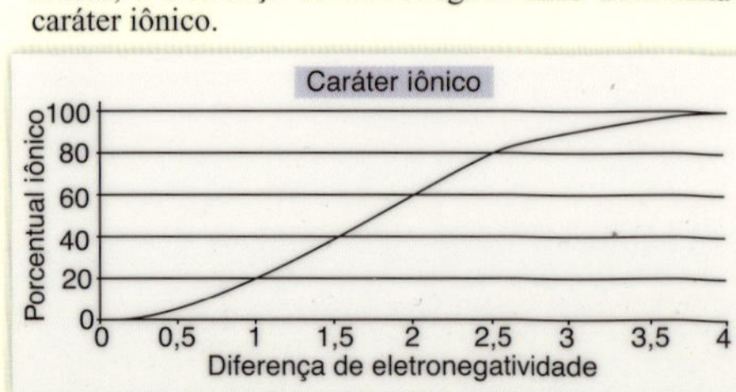

MODELOS DE LIGAÇÃO

Estrutura de Lewis: representação visual de uma molécula com os elétrons de valência reunidos em pares combinados ou isolados:

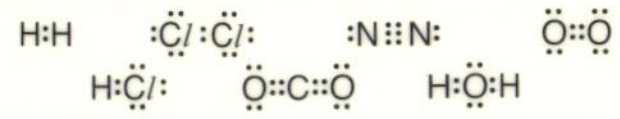

Regra do Octeto: átomos cercados por oito elétrons formando quatro ligações (exceto H, que tem dois elétrons, e átomos com orbitais d, que formam seis ligações, por exemplo, SF_6).
Ligação múltipla: átomos ligados podem compartilhar um, dois ou três pares de elétrons.
Ordem de ligação: o número de ligações para um átomo dividido por seu número de vizinhos. Ligações simples (ordem 1), dupla (2), tripla (3) podem ser fracionárias. Para determinado tipo de ligação, reduz-se a distância com o aumento da ordem de ligação.
Ressonância: se forem possíveis diferentes estruturas de Lewis, uma média entre elas é uma visão mais precisa da ligação. A ressonância deslocaliza os elétrons e estabiliza a energia. Por exemplo, o ozônio (O_3) apresenta duas estruturas de ressonância:

Carga formal: revela que um átomo adquiriu ou perdeu elétrons de valência, relativamente ao átomo livre. Para calcular: (número de elétrons de valência em um átomo livre) – $1/2$ (número de elétrons ligados) – (número de pares de elétrons isolados). Estruturas com cargas formais menores são mais estáveis; atribua carga negativa a átomos mais eletronegativos.

LIGAÇÃO DE VALÊNCIA

Uma ligação química se forma pela superposição de orbitais atômicos ou híbridos ocupados por elétrons desemparelhados. O par de elétrons resultante forma a ligação química:

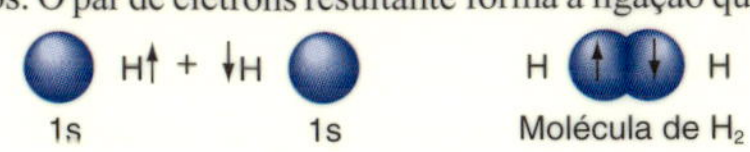

PROPRIEDADES MOLECULARES

Geometria: Teoria da Repulsão de Pares Eletrônicos da Camada de Valência (VSEPR): arranjo otimizado de átomos vizinhos ligados (X) e de pares eletrônicos isolados ou não ligados (E). As estruturas derivam de um arranjo ideal de X + E objetos ao redor do átomo central.

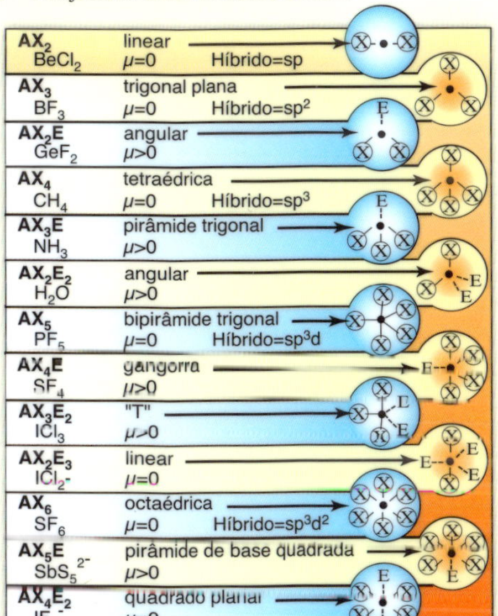

ORBITAIS HÍBRIDOS

Os orbitais atômicos s, p, d e f podem se misturar ou combinar para formar orbitais equivalentes com pares ligados ou isolados. Seguem o modelo VSEPR, em que s e p podem se combinar formando sp, sp² ou sp³ (2, 3 ou 4 orbitais equivalentes); orbitais d expandem as opções para cinco (sp³d) e seis vizinhos ligados (sp³d²):

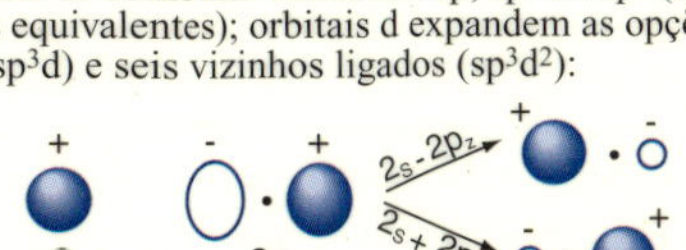

LIGAÇÕES QUÍMICAS

Dualidade onda-partícula: elétrons e luz apresentam características de ondas e partículas. O comprimento de onda (λ) de **luz** descreve a "cor", associada à frequência (ν) e à velocidade da luz (c) por $\lambda\nu = c$; a energia da luz é quantizada em fótons, $h\nu$ (h, constante de Planck). De forma simples, a dualidade do elétron-onda é descrita pelo modelo de De Broglie; λ relaciona-se à massa (m) e velocidade (v) do elétron-onda por $\lambda = h/mv$. Elétrons nos átomos ocupam níveis discretos de energia e são descritos pelos números quânticos dos **orbitais atômicos (OAs)**. O princípio de Aufbau rege o preenchimento dos níveis de energia atômicos. A descrição completa das características ondulatórias é dada pela **função de onda** (ψ). Os OAs fornecem ψ de um átomo.

ORBITAL MOLECULAR

O orbital molecular (OM) determina a ψ de uma molécula: cada OM é uma combinação linear (soma) dos OAs. A sobreposição de orbitais atômicos com o mesmo sinal gera uma interferência construtiva (**ligante**); a sobreposição de orbitais com sinais opostos, uma interferência destrutiva: um arranjo menos estável chamado **antiligante**.

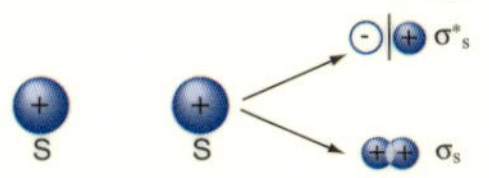

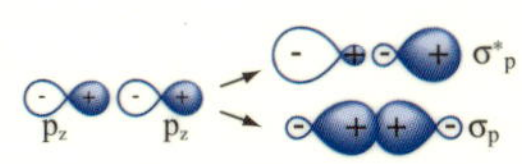

Interações no eixo de ligação são chamadas σ; fora dele, π. Interações antiligantes são indicadas por σ^* e π^*.

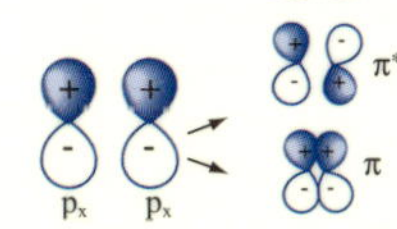

O OM descreve a densidade eletrônica e a energia do elétron. A interação ligante produz aumento da densidade de elétrons na região da ligação.

Um diagrama de OM informa os níveis de energia para os elétrons da molécula. Como os OAs, cada OM pode ter no máximo dois elétrons (com spins antiparalelos).

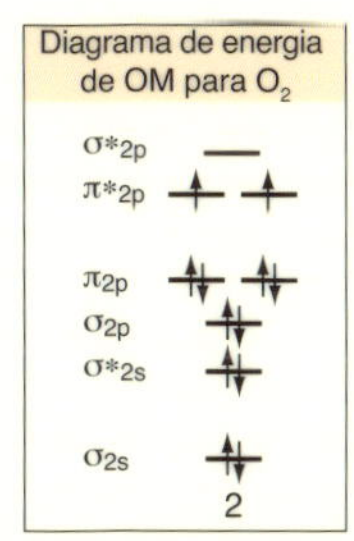

A **ordem de ligação** é dada por (número de pares de elétrons ligantes) – (número de pares de elétrons antiligantes).

COMPORTAMENTO DE GASES

P: pressão é a força/área exercida nas paredes de contenção (em atm, mmHg, Pa); **V: volume** de uma amostra de gás (em litros); **T: temperatura** (em graus Kelvin); **n: mol** de partículas de gás; **R = constante universal dos gases.** Nas **CNTP** (1 atm; 273,15 K) 1 mol de **gás ideal** ocupa 22,414 litros.

Lei de Boyle: P x V é uma constante para T determinado; $P \propto 1/V$.
Lei de Charles: $V \propto T$ para P determinado; **lei de Avogadro:** $V \propto n$.

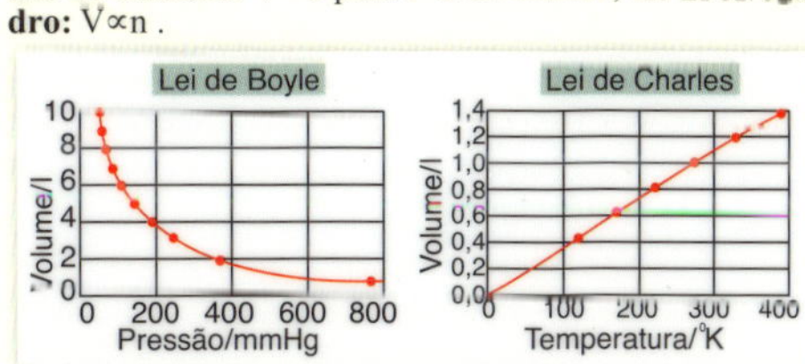

Lei do gás ideal: PV = nRT (Clapeyron)
Relação para descrever as propriedades de uma amostra no modelo de gás ideal: partículas sem massa não interativas. Adequada para P baixa, T elevada.
Velocidade e energia: a energia cinética de 1 mol de gás ideal é de $3/2$ RT; a velocidade para um gás com massa molar M a T determinada é $(3RT/M)^{1/2}$. (A velocidade média de uma molécula típica de gás varia de 400 a 1.800 m/s nas CNTP.)
Lei de Graham: taxa de efusão é $\propto 1/M^{1/2}$ (efusão – gás expandido contra vácuo); também permite difusão para P baixo (gás se mistura com outros gases, com colisões moleculares).
Misturas de gases: lei de Dalton das pressões parciais (V, T definidos): $P_{total} = P_1 + P_2 + \ldots P_i$; pressão total é a soma das pressões dos gases componentes; $P_i = x_i P_{total}$ (x_i = fração molar do gás "i").

Gases reais violam a **lei dos gases ideais**.
- Dados PVT não obedecem às predições ideais.
- Os gases liquefazem a T baixa e P elevada.
- As moléculas têm energia rotacional e vibracional.

A **equação de van der Waals** aperfeiçoa o modelo **ideal**; acrescenta termos para o volume molecular e atrações intermoleculares.

MISTURAS E SOLUÇÕES

Combinação física: soluto (sólido ou em quantidade menor) dissolve no solvente (líquido ou em quantidade maior).
Principal fator responsável pela mistura de fluidos: uma mistura é mais desordenada do que as fases separadas.
Fator variável: interação entre materiais, "semelhante dissolve semelhante"; materiais polares se misturam (**miscíveis**), assim como não polares. Polares e não polares em geral são **imiscíveis** (formam camadas líquidas separadas).
Unidades:
M: **molaridade** – mol de soluto dissolvido em 1 litro de solução.
m: **molalidade** – mol de soluto por quilo de solvente.
x: **fração molar** – mol de soluto dividido por total de mol.
Propriedades coligativas: dependem apenas do número de partículas do soluto e do tipo de solvente. Materiais iônicos se dissociam.
Diminuição da **pressão de vapor**:
$\Delta P = x_{soluto} P^0$ (pressão de vapor do solvente)
Diminuição do **ponto de congelamento**:
$\Delta T = - m_{soluto} k_{pf}$ (constante, depende do solvente)
Elevação do **ponto de ebulição**:
$\Delta T = m_{soluto} k_{pe}$ (constante, depende do solvente)
Pressão osmótica:
$\Pi = M_{soluto}$ RT, R é a constante universal dos gases; para pressão de ascensão capilar em plantas e células animais.

OXIDAÇÃO E REDUÇÃO

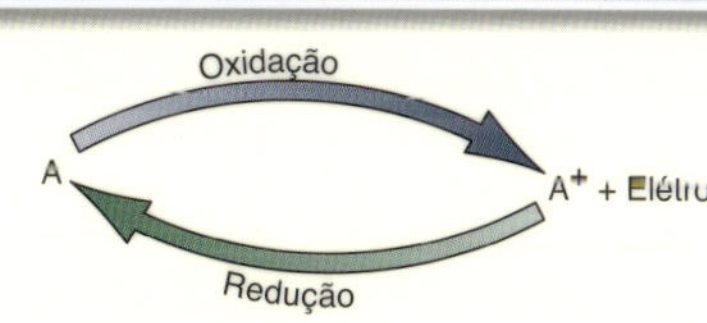

Número de oxidação: elemento (0), substância iônica (carga do íon), composto covalente (carga do átomo quando todos os elétrons de valência se deslocam para o átomo mais eletronegativo).
Química redox: os elétrons são trocados na reação; muda o número de oxidação.
Reação "A + B → AB" em dois passos (**semirreação**): primeiro, **oxidação**: (A perde elétrons) $A \rightarrow A^+ + e^-$, e, depois, **redução**: (B ganha elétrons) $B + e^- \rightarrow B^-$
$A^+ + B^-$ forma o produto AB.

Balanceamento de reações redox: duas abordagens comuns:
1. **Método de semirreações:** balanceie as semirreações de redução e oxidação; some após igualar o número de elétrons.
2. **Método dos números de oxidação:** identifique mudanças nos números de oxidação dos elementos; balanceie igualando o número de elétrons.

Em ácidos: use H_3O^+ e H_2O para balancear. Em bases: use OH^- e H_2O.
Exemplos de reações redox:
pilha/galvânica: $Zn(s) + Cu^{2+}(aq) \rightarrow Zn^{2+}(aq) + Cu(s)$
eletrólise: $2\ H_2O(l) \rightarrow 2\ H_2(g) + O_2(g)$
corrosão: $2\ Al(s) + 3\ O_2(g) \rightarrow 2\ Al_2O_3(s)$
combustão: $C + O_2 \rightarrow CO_2$

Célula eletroquímica: um circuito externo conecta dois eletrodos (**ânodo** – local de oxidação, **cátodo** – local de redução) para a ocorrência da reação.

F.E.M. da célula (ε): potencial elétrico gerado pela célula: $\varepsilon > 0$ para processo espontâneo.

Galvânico (voltaico): reação espontânea produz um fluxo de corrente; usado nas pilhas.
Diagrama para célula Zn, Cu: $Zn(s)\ /\ Zn^{2+}(aq)\ //\ Cu^{2+}(aq)\ /\ Cu(s)$

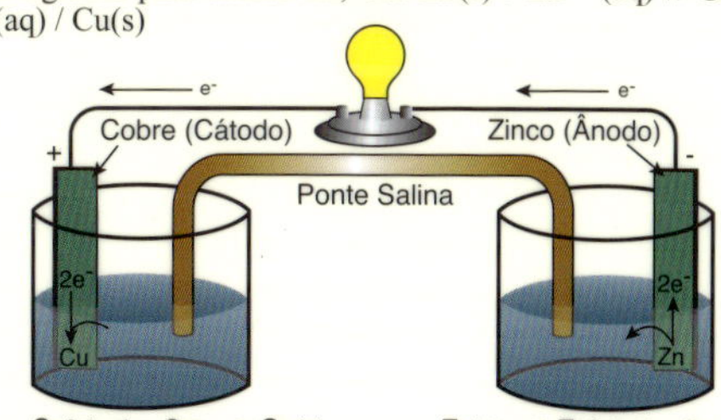

OXIDAÇÃO E REDUÇÃO /continuação

Eletrólise: corrente/voltagem externa promove a reação. Uma bateria gera o processo eletrolítico.
Para $\varepsilon < 0$, o inverso é espontâneo. $\Delta G = -n\mathcal{F}\varepsilon$ ($\mathcal{F}$ - constante de Faraday, carga de "n" mol de elétrons); reação inversa, mude o sinal do potencial.

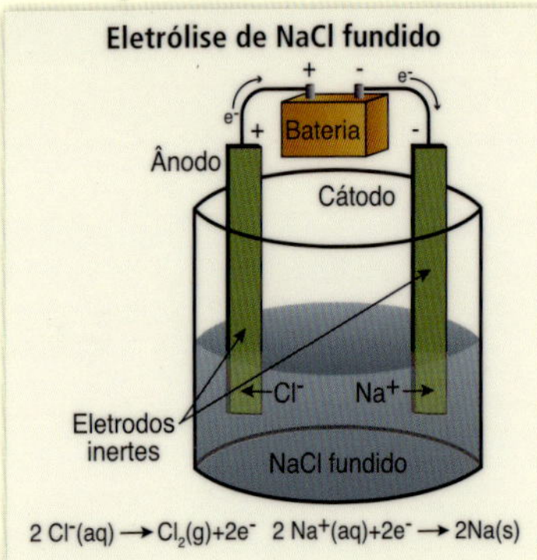

Potencial padrão:
$\varepsilon^0 = \varepsilon^0_{\text{ânodo}} + \varepsilon^0_{\text{cátodo}}$
Potenciais de redução: tabulação padrão das semirreações de eletrodo (escritas como redução)
Potencial de referência: eletrodo H_2 0,00 V

- Não metais: $E_2 + 2e^- \rightarrow 2E^-$
  Um número maior, positivo, é evidência de um material mais reativo.

  F_2 2,87 Cl_2 1,36 Br_2 1,09 I_2 0,54

- Metais: $M^{x+}(aq) + x\,e^- \rightarrow$ Metal
  O valor positivo evidencia um metal menos reativo.

  Ag(I) + 0,80   Cu(II) + 0,34   Pb(II) -0,13
  Zn -0,76   Al -1,66   Mg -2,37

  Ni(II) -0,26   Fe(II) -0,45
  Na -2,71   Li -3,04

SAIS INORGÂNICOS

Propriedades dos sais inorgânicos:

Solubilidade em água

	acetato nitrato perclorato clorato	cloreto brometo iodeto	fluoreto	sulfato	carbonato sulfeto fosfato hidróxido cromato	óxido
metais alcalinos, amônio	s	s	s	s	s	forma hidróxido
Ca, Mg	s	s	insol	s	insol	insol
Sr, Ba	s	s	insol	insol	insol	insol
Fe, Cu, Zn	s	s	insol	s	insol	insol
Pb(II)	s	insol	insol	insol	insol	insol
Hg(I)	s	insol	-	insol	insol	insol
Ag	s	insol	s	s	insol	insol

Teste de chama

Cores características do íon em uma chama

violeta:	potássio, rubídio, césio
azul:	cobre (celeste), chumbo, arsênio, selênio
verde:	cobre (esmeralda), bário (amarelado), zinco (esbranquiçado)
amarelo:	sódio
vermelho:	lítio (carmim), estrôncio (escarlate), cálcio (amarelado)

REAÇÕES ÁCIDO-BASE

- Autoionização da água:
  $2H_2O \rightleftarrows OH^- + H_3O^+$
  $\mathbf{K_w = [OH^-][H_3O^+] = 1x10^{-14}}$ a 25°C
  Para todas as soluções aquosas: solução neutra $\mathbf{[OH^-] = [H_3O^+] = 1x10^{-7}}$
  $\mathbf{pH = -log_{10}[H_3O^+]}$; medida de acidez: **soluções neutras, pH = 7; ácidas, pH < 7; básicas, pH > 7** (por exemplo, uma solução 0,01 mol/l de H_3O^+ tem um pH de 2).
  pOH (pOH = $-log_{10}[OH^-]$) pode ser usada para soluções básicas. pH + pOH = 14
- Ácidos (HA): $HA + H_2O \rightleftarrows A^- + H_3O^+$
  A^- é a base conjugada para o ácido HA
  Ácido forte, dissociação total: HCl, HBr, HI, $HClO_4$, H_2SO_4 e HNO_3
  Equilíbrio do ácido descrito por $K_a = [A^-][H_3O^+]/[HA]$
  Ácidos fracos têm $K_a << 1$. $pK_a = -log_{10}(K_a)$
  Ácidos fracos comuns (pKa): acético (4,19); HF (4,15); nitroso (3,35); carbônico (6,37)

Ácido de Lewis é um receptor de pares de elétrons.

- Bases (B): $MOH \rightleftarrows OH^- + M^+$
  $B + H_2O \rightleftarrows HB^+ + OH^-$
  HB^+ é o ácido conjugado para a base B
  Base forte, dissociação total: NaOH, KOH e $Ba(OH)_2$
  Equilíbrio da base descrito por $K_b = [OH^-][HB^+]/[B]$
  Bases fracas têm $K_b << 1$. $pK_b = -log_{10}(K_b)$. Bases fracas comuns (pKb): NH_3 (4,75); CN^- (4,70)
  Base de Lewis é um doador de pares de elétrons.
- **Ácido poliprótico:** composto por mais de um próton ionizável (p. ex. H_2SO_4, H_3PO_4).
- **Substância anfótera:** material que pode reagir como ácido ou como base.
- **Hidrólise:** água + íon aquoso → solução básica ou ácida pela formação OH^- ou H_3O^+: $A^-\ H_2O \rightleftarrows HA + OH^-$ (básica, p. ex., F^- ou acetato); $HX^+\ H_2O \rightleftarrows X + H_3O^+$ (ácida, p. ex., NH_4^+).
- **Tampão:** solução de ácido fraco e um sal de sua base conjugada ou solução de base fraca e um sal de seu ácido conjugado. A mistura mantém pH constante; equação Henderson-Hasselbalch para um ácido/sal tampão: pH = $pK_a + log_{10}$([sal]/[ácido]).
- **Titulação ácido-base:** faz reagir uma quantidade conhecida de ácidos (mol) com uma solução básica de concentração desconhecida (ou vice-versa) para formar um sal. No ponto de equivalência: **a.** mol do ácido = mol da base; **b.** para titulação ácido forte-base forte, pH = 7; **c.** para titulação ácido fraco-base forte, pH > 7; **d.** para titulação base fraca-ácido forte, pH < 7 (hidrólise dos íons do sal muda o pH da solução).
- **Reações:** chuva ácida: óxidos de enxofre e nitrogênio reagem com a água para gerar ácidos. Ácidos/bases fortes reagem com metais, produzindo H_2 e sal. Carbonatos são decompostos por ácidos. Cobre + ácido nítrico produz óxidos de nitrogênio.

EQUILÍBRIO

- **Reações completas:** todos os reagentes são convertidos em produtos.
- **Equilíbrio:** a reação atinge o estado de equilíbrio das reações direta e inversa.
- Para $aA \rightleftarrows bB$: as concentrações de equilíbrio dos reagentes, $[A]_{eq}$ e $[B]_{eq}$, são resumidas pela relação $K_{eq} = [B]_{eq}^b/[A]_{eq}^a$. K_{eq} é uma constante, característica da reação à temperatura determinada.
- **Produto de solubilidade, K_{ps}:** define o equilíbrio entre um sal e seus íons aquosos; para AX_2, o equilíbrio é $AX_2(s) \rightleftarrows A^{2+}(aq) + 2X^-(aq)$, e o $K_{ps} = [A^{2+}][X^-]^2$; pequeno K_{ps} = baixa solubilidade.
- **Princípio de Le Chatelier:** o equilíbrio varia de acordo com as mudanças na temperatura, na pressão ou na concentração do reagente. $A \rightleftarrows B$, removendo-se B ou adicionando-se A, modifica-se o equilíbrio formando mais produto. Ao aumentar a pressão, o equilíbrio varia para diminuir a pressão total. Mais importante para reações em fase gasosa.
- Uma reação **exotérmica** libera calor: "$A \rightleftarrows B$ + calor"; a redução da temperatura remove o calor e desloca o equilíbrio no sentido de formar mais produto. A elevação da temperatura tem efeito oposto.
- Uma reação **endotérmica** absorve calor: "calor + $A \rightleftarrows B$"; a elevação da temperatura acrescenta calor e desloca o equilíbrio no sentido de formar mais produto. A redução da temperatura tem efeito oposto.

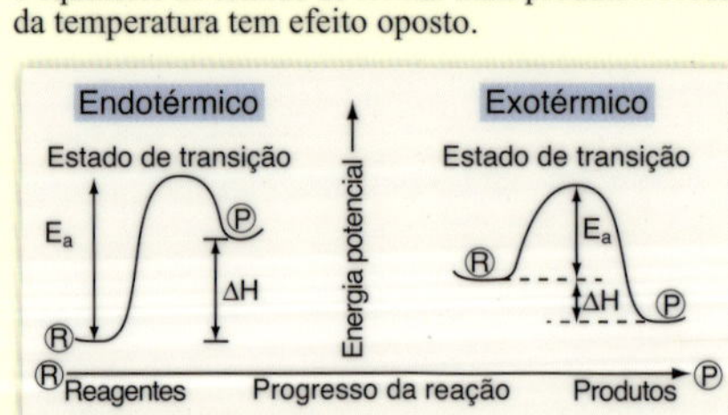

TERMOQUÍMICA

Estudo do calor e do trabalho associado a um **processo químico ou físico**.

- **Tipos de processo:**
  Reversível: o sistema está em estado de equilíbrio.
  Espontâneo (irreversível): o sistema move-se em oposição ao estado de equilíbrio.
- **Leis da termodinâmica:**
  Primeira lei – Conservação da energia (U): o calor (q) e o trabalho (w) associados a um processo são inter-relacionados: $\Delta U = q + w$. Qualquer mudança na energia do sistema deve corresponder à troca de calor ou de trabalho com o ambiente externo.
  Segunda lei – Entropia (S) conserva-se para um processo reversível. A desordem do sistema e da vizinhança deve aumentar para um processo espontâneo.
  Terceira lei – A entropia é zero para um cristal ideal a T = 0 K. O sistema está em seu menor estado de energia possível e apresenta o arranjo mais ordenado.
- **Entalpia (H):** ΔH é o calor absorvido ou produzido por um processo sob condições de pressão constante (condições normais de laboratório).
  ΔH<0 para uma reação exotérmica e **> 0** para uma endotérmica
  Entalpias de formação, ΔH^o_f: o ΔH para a síntese do composto a partir dos elementos em seu estado padrão a 25°C. *Essas quantidades podem ser tanto positivas como negativas.*
  ΔH° = (soma das ΔH^o_f do produto) – (soma das ΔH^o_f do reagente)
- **Entropia (S):** desordem termodinâmica.
  ΔS é a mudança na ordem de um sistema. Para s → l ou l→g, **ΔS** é positivo (o produto em cada caso tem mais movimento aleatório).
  Entropia padrão (S°): a entropia de um composto a 25°C em relação a 0 K. *Essas quantidades são sempre positivas.*
  ΔS° = (soma das S° do produto) - (soma das S° do reagente)
- **Energia livre de Gibbs (G):** ΔG = ΔH - TΔS
  ΔG: capacidade do sistema de produzir trabalho. **ΔG=0** para equilíbrio, **ΔG<0** para processo espontâneo, e **ΔG>0** se o processo inverso é espontâneo.
- **Energia livre de formação,** ΔG^o_f: o ΔG para a síntese do composto a partir dos elementos em seu estado padrão a 25°C.
  ΔG° = (soma das ΔG^o_f do produto) - (soma das ΔG^o_f do reagente)
  A constante de equilíbrio, $\mathbf{K_{eq}}$, e **ΔG°** relacionam-se pela equação: $\mathbf{\Delta G^o = -RT\ ln(K_{eq})}$.

CINÉTICA

- **Velocidade do processo químico**
  Para uma reação genérica aA + bB → cC + dD, a velocidade depende de [A] e [B].
- **Lei de primeira ordem:** velocidade = k_1[A] ou k_1[B]
  Um gráfico de "**ln[ ] x tempo**" é linear; o coeficiente angular da reta é a constante de velocidade k_1.
  Meia-vida, $t_{1/2}$: o tempo necessário para a concentração diminuir à metade, $t_{1/2} = 0{,}693/k_1$; decaimento radiativo.
- **Lei de segunda ordem:** velocidade = $k_2[A]^2$ ou $k_2[B]^2$ ou k_2[B] [A]. Um gráfico de "**1/[ ] x tempo**" é linear; o coeficiente angular da reta é a constante de velocidade k_2. Meia-vida muda durante a reação.
- **Ordem zero:** velocidade = $k_0[A]^0 = k_0$
  A velocidade é independente de [A]. **Obs.: $[A]^0 = 1$.**
- **Dependência das constantes de velocidade em função da temperatura**
  Lei de Arrhenius: $\mathbf{k = A\ e^{-Ea/RT}}$. **Ea** é a energia de ativação (barreira de energia); o gráfico "**ln (k) x 1/T**" é linear, o coeficiente angular da reta é –Ea/R e o coeficiente linear é ln A.
- **Cinética e termodinâmica**
  $A \rightleftarrows B$: $K_{eq} = k_1/k_{-1}$, k_1 é a constante de velocidade da reação direta e $\mathbf{k_{-1}}$ é a constante da inversa.

Barros, Fischer & Associados
Editor: Flávio Barros Pinto

QUÍMICA

1.ª EDIÇÃO 14.ª TIRAGEM – ABRIL 2024

Autor: Mark Jackson, Ph.D.; **Tradução:** Rosemarie Ziegelmaier; **Consultor:** Oswaldo Felipe Junior; **Edição:** Andréa Barros; **Arte:** Cláudio Scalzite e Flávia Barros; **Ilustrações:** Rich Marino; **Revisão:** Cleide Ruffo, Marcia Menin e Paulo R. Pompêo.

Resumão – Química (*Série de Ciências Exatas, n.º 6*) é uma publicação da Barros, Fischer & Associados sob licença da Barcharts, Inc.

A série de resumos de **Ciências Exatas**, devido a seu formato condensado, contém os conceitos básicos das matérias de que trata, sendo excelente ferramenta para estudantes e profissionais da área.

Endereço: Rua Ulpiano, 86 – Lapa, São Paulo, CEP 05050-020
Telefone/fax.: 0 (xx)11 3675-0508

Site: www.resumao.com.br
E-mail: contato@resumao.com.br

Distribuição e vendas: Bafisa, tel.: 0 (xx)11 3675-0508
Impressão: Eskenazi Indústria Gráfica Ltda.

ISBN 978-858874929-X
9 788588 749290